国家“十三五”重点规划图书

“识标准　知生活”全民标准知识普及丛书

食品标识知多少

其他标示

上海市质量监督检验技术研究院　编著

中国质量标准出版传媒有限公司
中　国　标　准　出　版　社

北　京

图书在版编目（CIP）数据

食品标识知多少．其他标示 / 上海市质量监督检验技术研究院编著．—北京：中国质量标准出版传媒有限公司，2021.4
ISBN 978-7-5026-4911-1

Ⅰ．①食… Ⅱ．①上… Ⅲ．①食品—标签—基本知识
Ⅳ．① F768.205

中国版本图书馆 CIP 数据核字（2021）第 57184 号

食品标识知多少 其他标示

中国质量标准出版传媒有限公司
中 国 标 准 出 版 社 出版发行

北京市朝阳区和平里西街甲 2 号（100029）
北京市西城区三里河北街 16 号（100045）
网址：www.spc.net.cn
总编室：（010）68533533 发行中心：（010）51780238
读者服务部：（010）68523946
北京天恒嘉业印刷有限公司印刷
各地新华书店经销

开本 880×1230 1/16 印张 3.75 字数 27 千字
2021 年 4 月第 1 版 2021 年 4 月第 1 次印刷

定价 30.00 元

本书编委会

主　　编　刘　丁

副 主 编　解　楠　赵　琴

编写人员　张婧瑜　杨晋青　郑　翌

主　　审　彭少杰

前言

食品标签是食品包装上的文字、图形、符号及一切说明物。凡在市场上销售的预包装食品都应具有食品标签。我们每天都会食入各种各样的食品，其中很多食品都是带有包装的预包装食品。但是据调查，普通消费者对于食品标签上标示的信息并不是很了解，譬如，什么是食品标签上必须要标示的内容？标示的原则是什么？是不是生产商可以随便标示？购买食品的时候要看什么？怎么样才能选购到适合的食品？食品添加剂对我们的身体有害吗？等等。

《食品标识知多少》系列科普丛书由上海市质量监督检验技术研究院（SQI）组织相关专家编写而成。该套丛书从大家每天都接触到、随处看得到、跟我们生活密切相关的预包装食品标签标识入手，通过深入浅出、活泼易懂的语言和清新的卡通插画，带大家走进食品科普知识领域，不仅介绍了食品名称、配料表、营养成分表、日期和净含量等标签标示内容，还介绍了食品生产许可、食品添加剂种类、营养素组成、食品分类及区别等，让大家对食品标识有个初步的了解，并且学会看食品标签，进而科学地选购食品。

由于编者能力有限，书中不足之处在所难免，敬请读者指正。

编著者

2021 年 4 月

导读

大家好，我叫丁丁，资深吃货一枚，平时最喜欢研究美食背后的门道，精通各种食品标签标识原则，能够通过食品标签挑选出合适的食品，现在就跟着我一起走进食品标签的世界吧!

标签

定义： 用来标志产品目标、分类或内容的关键字词，是便于查找和定位目标的工具。

历史： 早在公元1700年，欧洲就印制出了用在药品和布匹上作为识别商品的第一批标签。经过几百年的发展，现在几乎所有的产品都有属于自己的标签。

食品标签

GB 7718《食品安全国家标准　预包装食品标签通则》中定义： 食品标签是食品包装上的文字、图形、符号及一切说明物。食品标签就是食品穿的“外衣”，在“外衣”上能看到的所有信息都属于食品标签的范畴。

预包装食品

GB 7718《食品安全国家标准　预包装食品标签通则》中定义：预包装食品是预先包装或者制作在包装材料和容器中的食品，包括预先定量包装以及预先定量制作在包装材料和容器中并且在一定量限范围内具有统一的质量、体积及长度标识的食品，也包括预先包装或者制作在包装材料和容器中以计量方式销售的食品。

食品标签强制标示的目的和意义

食品标签具体标示内容应当符合《中华人民共和国食品安全法》和相关食品安全国家标准等的规定。

◎ 引导、指导消费者选购食品；

◎ 促进销售；

◎ 向消费者承诺；

◎ 维护食品生产经营者的合法权益。

食品标签应标示的内容

《中华人民共和国食品安全法》第六十七条规定，预包装食品的包装上应当有标签。标签应当标明下列事项：

（一）名称、规格、净含量、生产日期；

（二）成分或者配料表；

（三）生产者的名称、地址、联系方式；

（四）保质期；

（五）产品标准代号；

（六）贮存条件；

（七）所使用的食品添加剂在国家标准中的通用名称；

（八）生产许可证编号；

（九）法律、法规或者食品安全标准规定应当标明的其他事项。

专供婴幼儿和其他特定人群的主辅食品，其标签还应当标明主要营养成分及其含量。

和食品标签相关的几个重要的食品安全国家标准

GB 2760　食品安全国家标准　食品添加剂使用标准

GB 7718　食品安全国家标准　预包装食品标签通则

GB 13432　食品安全国家标准　预包装特殊膳食用食品标签

GB 14880　食品安全国家标准　食品营养强化剂使用标准

GB 28050　食品安全国家标准　预包装食品营养标签通则

目录

食品生产许可与经营许可

《中华人民共和国食品安全法》中规定，国家对食品生产经营实行许可制度，按照许可事项分别实施食品生产许可和食品经营许可，并发放食品生产许可证和食品经营许可证。按照证书许可事项，食品生产许可证的证书编号以“生产”的汉语拼音首字母“SC”开头，食品经营许可证的证书编号以“经营”的汉语拼音首字母“JY”开头。

在我国，由县级以上地方市场监督管理部门根据申请材料审查和现场核查等方式，作出准予生产许可的决定后，向申请人颁发的、准许其在中华人民共和国境内从事食品生产活动的证明就是食品生产许可证。

食品生产许可证

生产者名称:XXXXXXX
许可证编号:XXXXXXX
法定代表人：XXX
（负责人）
统一社会信用代码：XXXXXXXX
住　　所：XXXXXXXXXXXX
生产地址：XXXXXXXX
食品类别：XXXX
发证机关：XXXXX
二维码
发证日期：XXXXXXX
有效日期至：XXXXXX

食品生产许可证编号

食品生产许可证编号由“SC”和14位阿拉伯数字组成。数字从左至右依次为：

第1~第3位数字：食品、食品添加剂类别编码；

第4、第5位数字：省级行政区代码；

第6、第7位数字：市级行政区代码；

第8、第9位数字：县级行政区代码；

第10~第13位数字：企业顺序码；

第14位数字：校验码。

进口食品不是国内生产，没有SC编码，不需要标示。

SC	124	31	01	12	0023	8
字母	食品、食品添加剂类别编码	省（自治区、直辖市）代码	市（地）代码	区（县）代码	企业顺序码	校验码

食品生产许可证编号的使用

食品生产许可证编号中的食品类别编码仅用于体现生产者生产的食品大类。一个生产企业对应一个许可编号，而且许可编号一经确定就不再变动。有些生产企业可以生产多个食品类别的产品，生产编号可以按照最初生产的食品类别编号，或者按照风险较高的食品类别进行赋号，也可由生产者自行选择按何种食品类别赋号。

食品类别编码用 3 位数字标示，具体为：

第 1 位数字代表食品、食品添加剂生产许可识别码，阿拉伯数字“1”代表食品，阿拉伯数字“2”代表食品添加剂。第 2、第 3 位数字代表食品、食品添加剂类别编号。其中，食品添加剂类别编号标示为：“01”代表食品添加剂，“02”代表食品用香精，“03”代表复配食品添加剂。食品类别编号按照《食品生产许可分类目录》依次标示。

食品类别编码	食品、食品添加剂类别	食品类别编码	食品、食品添加剂类别
101	粮食加工品	118	炒货食品及坚果制品
102	食用油、油脂及其制品	119	蛋制品
103	调味品	120	可可及焙烤咖啡产品
104	肉制品	121	食糖
105	乳制品	122	水产制品
106	饮料	123	淀粉及淀粉制品
107	方便食品	124	糕点
108	饼干	125	豆制品
109	罐头	126	蜂产品
110	冷冻饮品	127	保健食品
111	速冻食品	128	特殊医学用途配方食品
112	薯类和膨化食品	129	婴幼儿配方食品
113	糖果制品	130	特殊膳食食品
114	茶叶及相关制品	131	其他食品
115	酒类	201	食品添加剂
116	蔬菜制品	202	食品用香精
117	水果制品	203	复配食品添加剂

产品执行标准代号

产品“执行标准”是企业生产食品时执行的标准。执行标准可以是食品安全国家标准、食品安全地方标准、食品安全企业标准，也可以是其他食品国家标准、行业标准、地方标准、团体标准和企业标准等。

- 标题可以标示为：产品标准号、标准代号、执行标准编号等。
- 标注时可以只标注标准的代号和顺序号，可不标示年代号和标准名称。
- 进口产品可以不标示。

GB/T 19883—2018 果 冻

GB/T	19883	2018	果 冻
标准代号	顺序号	年代号（可以不标示）	标准名称（可以不标示）

标准分类体系

国家标准

国家标准
国家制定

中华人民共和国国家标准简称国标，通常由国家标准化管理委员会发布。国家标准分为强制性标准和推荐性标准。

如：GB 7101—2015《食品安全国家标准　饮料》、GB/T 10789—2015《饮料通则》。

行业标准

行业标准
行业制定

对没有推荐性国家标准、需要在全国某个行业范围内统一的技术要求，可以制定行业标准。行业标准由国务院有关行政主管部门制定，报国务院标准化行政主管部门备案。行业标准的制定不得与国家标准相抵触，国家标准公布实施后，相应的行业标准即行废止。如轻工标准代号 QB、农业标准代号 NY、水产标准代号 SC、国内贸易标准代号 SB。

如：SB/T 10371—2003《鸡精调味料》。

地方标准

地方标准
地方制定

为满足地方自然条件、风俗习惯等特殊技术要求，可以制定地方标准。地方标准由省、自治区、直辖市人民政府标准化行政主管部门制定；设区的市级人民政府标准化行政主管部门根据本行政区域的特殊需要，经所在地省、自治区、直辖市人民政府标准化行政主管部门批准，可以制定本行政区域的地方标准。国家标准、行业标准公布实施后，相应的地方标准即行废止。

如：DB 31/2012—2013《食品安全地方标准　色拉》、DB31/T 384—2014《地理标志产品　崇明老白酒》。

团体标准

团体标准
群体制定

国家鼓励学会、协会、商会、联合会、产业技术联盟等社会团体协调相关市场主体共同制定满足市场和创新需要的团体标准，由本团体成员约定采用或者按照本团体的规定供社会自愿采用。国务院标准化行政主管部门会同国务院有关行政主管部门对团体标准的制定进行规范、引导和监督。

如：T/GDC 6—2018《食用植物调和油》。

企业标准

企业标准
企业制定

企业可以根据需要自行制定企业标准，或者与其他企业联合制定企业标准。国家鼓励社会团体、企业制定高于推荐性标准相关技术要求的团体标准、企业标准。企业标准是企业组织生产经营活动的依据。

如：Q/A××D 0001S—2012《枸杞》。

标准分类

强制性标准

强制标准必执行

对保障人身健康和生命财产安全、国家安全、生态环境安全以及满足经济社会管理基本需要的技术要求，应当制定强制性国家标准。强制性国家标准由国务院批准发布或者授权批准发布，强制执行。不符合强制性标准的产品、服务，不得生产、销售、进口或者提供。生产、销售、进口产品或者提供服务不符合强制性标准的，或者企业生产的产品、提供的服务不符合其公开标准的技术要求的，依法承担民事责任。构成犯罪的，依法追究刑事责任。

食品安全国家标准

安全标准必强制

食品安全标准的制定要求以保障公众身体健康为宗旨，科学合理、安全可靠。同时应当依据食品安全风险评估结果并充分考虑食用农产品安全风险评估结果，参照相关的国际标准和国际食品安全风险评估结果，将食品安全国家标准草案向社会公布，广泛听取食品生产经营者、消费者、有关部门等方面的意见。食品安全标准是强制执行的标准，除食品安全标准外，不得制定其他食品强制性标准。

推荐性标准

推荐标准要求高

对满足基础通用、与强制性国家标准配套、对各有关行业起引领作用等需要的技术要求，可以制定推荐性国家标准。推荐性国家标准由国务院标准化行政主管部门发布。推荐性国家标准、行业标准、地方标准、团体标准、企业标准的技术要求不得低于强制性国家标准的相关技术要求。

我国食品质量安全等级图

了解了我国标准分类体系，接下来再了解一下我国食品质量安全等级。

有机食品标志　　绿色食品标志　　无公害农产品标志

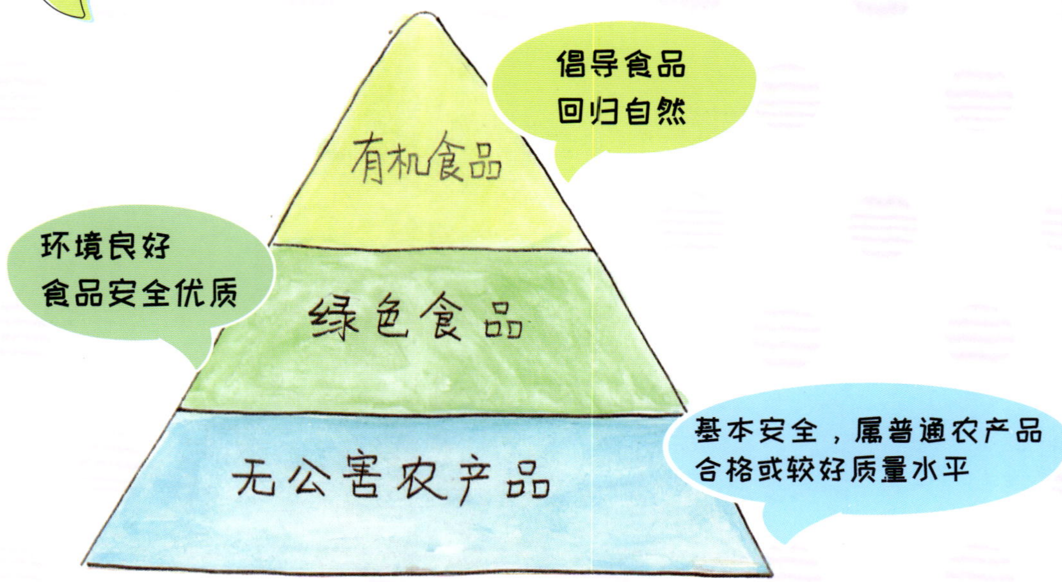

无公害农产品

无公害农产品在生产中允许使用化肥、农兽药和饲料添加剂等，但要满足一定的质量指标，主要包括产品中重金属含量和农药（兽药）残留量要符合规定的标准。禁止剧毒、高残留药物的使用。

无公害农产品的生产基地要选择空气清新、水质纯净、土壤未受污染、具有良好农业生态环境的地方。

无公害农产品标志

无公害农产品标志由麦穗、对勾和“无公害农产品”字样组成。

麦穗代表农产品，对勾表示合格，金色寓意成熟和丰收，绿色象征环保和安全。

无公害农产品能够把有毒、有害物质控制在规定范围内，主要强调其安全性，是安全、优质、面向大众消费的初级农产品及其加工产品。

绿色食品

绿色食品是比无公害农产品要求更严、食品安全程度更高，并且是按照特定的生产方式生产，经过专门的认证机构认定、许可使用绿色食品商标标志的安全食品。

绿色食品限制使用化学合成物（如化肥、农药等）及其他有毒、有害的生产原料，实施从“农田到餐桌”全过程质量控制，以保护生态环境，保障食品更安全，提高产品质量。

绿色食品标志

绿色食品标志图形由 3 部分构成：上方的太阳、下方的叶片和中间的蓓蕾，象征自然生态。标志图形为正圆形，意为保护、安全。颜色为绿色，象征着生命、农业、环保。绿色食品又分为 A 级和 AA 级 2 类。

A 级绿色食品标志与字体为白色，底色为绿色；AA 级绿色食品标志与字体为绿色，底色为白色。

A 级和 AA 级绿色食品生产地环境相同，AA 级绿色食品生产过程中不使用化学合成的肥料、农药、兽药，以及政府禁止使用的激素、食品添加剂、饲料添加剂和其他有害环境和人体健康的物质。绿色食品标志使用证书有效期为 3 年。

A级

AA级

有机食品

有机食品的生产完全不能使用人工合成的肥料、农药、生长调节剂、饲料添加剂以及基因工程生物和产物。

成为**有机食品**不容易，要符合以下条件：

◆ 原料必须来自已建立的有机农业生产体系，或采用有机方式采集的野生天然产品；

◆ 产品在整个生产过程中严格遵循有机食品的加工、包装、贮藏、运输标准；

◆ 生产者在有机食品生产和流通过程中，有完善的质量控制和跟踪审查体系，有完整的生产和销售记录档案；

◆ 必须通过独立的有机食品认证机构进行认证。

怎样能买到真正的有机食品？

看标签呀！

有机食品标签上会同时出现

寻证书

选择有有机认证证书的正规渠道购买

查有机码

有机码就像人的身份证编号一样，每种有机食品都有一个与之对应的编码，此编码可以通过中国食品农产品认证信息系统查询真伪。

致敏物质

有些食品配料可能导致部分人群产生过敏反应，如用作配料，应在配料表中加以提示，或在配料表邻近位置标示提示内容；生产加工过程中可能带入致敏物质时，如共用生产车间、共用生产线时，宜标示致敏物质提示信息。

需要标示致敏物质提示信息的配料分类名单：

★ 含有麸质的谷物及其制品（如小麦、黑麦、大麦、燕麦、斯佩耳特小麦或它们的杂交品系）；

★ 甲壳纲类动物及其制品（如虾、龙虾、蟹等）；

★ 鱼类及其制品；

★ 蛋类及其制品；

★ 花生及其制品；

★ 大豆及其制品；

★ 乳及乳制品（包括乳糖）；

★ 坚果及其果仁类制品。

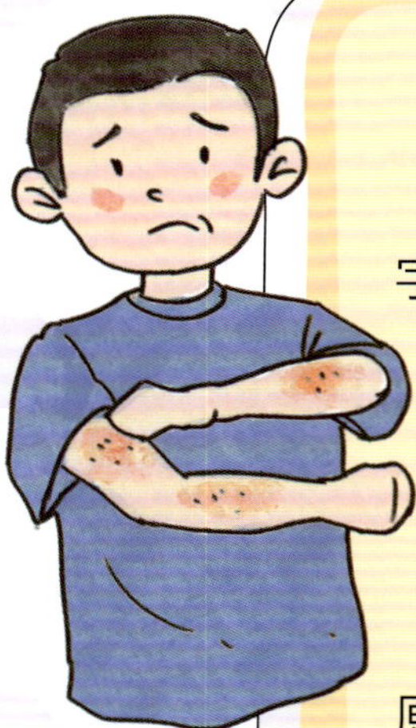

致敏物质用作配料时，应采用以下方式中的一种进行标示。

在配料表中使用易辨识的名称和标示方式（包括但不限于字体加粗、下划线等突出文字的标示方式）进行提示：

◎配料：水、全脂奶粉、稀奶油、植物油、花生、葡萄糖浆……。

◎配料：**小麦粉**、白砂糖、**榛子酱**（榛仁、巧克力）。

在配料表临近位置专门标示提示信息，可使用“食物致敏原提示”“致敏物质提示”“过敏原信息”等引导词：

◎含有鸡蛋、花生、坚果、乳成分；

◎含有花生酱；

◎本产品含有鱼、大豆成分；

◎本产品含有鱼、大豆成分，可能导致食物过敏。

加工过程中间接带入或可能带入的致敏物质，宜在配料表临近或其他位置用以下方式加以提示：

- “本产品可能含有……”“可能含有……”“可能含有微量……”“本生产设备还加工含有……的食品”“此生产线也加工含有……的食品”。

下列经深度加工的配料，已去除可能导致过敏反应的蛋白质成分，可免于致敏物质标示：

- 大豆及花生加工产品：精炼大豆油、精炼花生油、大豆来源的肽、磷脂、维生素E、植物甾醇、植物甾醇酯及植物甾烷醇酯；
- 谷物加工产品：淀粉、糊精、葡萄糖浆、谷物来源的精炼植物油；
- 水产加工产品：甲壳素、壳寡糖、鱼明胶、精炼鱼油、鱼油来源DHA；
- 乳加工产品：乳糖醇。

其他免于标示致敏物质的情况：

- 单一配料为致敏物质的产品，如果产品名称中已经明确该致敏物质的名称，可免于重复标示；
- 食用酒精、蒸馏酒。

辐照食品

- **食品辐照**是指利用电离辐射在食品中产生的辐射化学与辐射微生物学效应而达到抑制发芽、延迟或促进成熟、杀虫、杀菌、灭菌和防腐等目的的辐照过程。
- 经电离辐射线或电离能量处理过的食品，应在食品名称附近标示“辐照食品”或“经辐照处理”。
- 经电离辐射线或电离能量处理过的任何食品配料，应在配料表中或食品名称邻近位置标明。

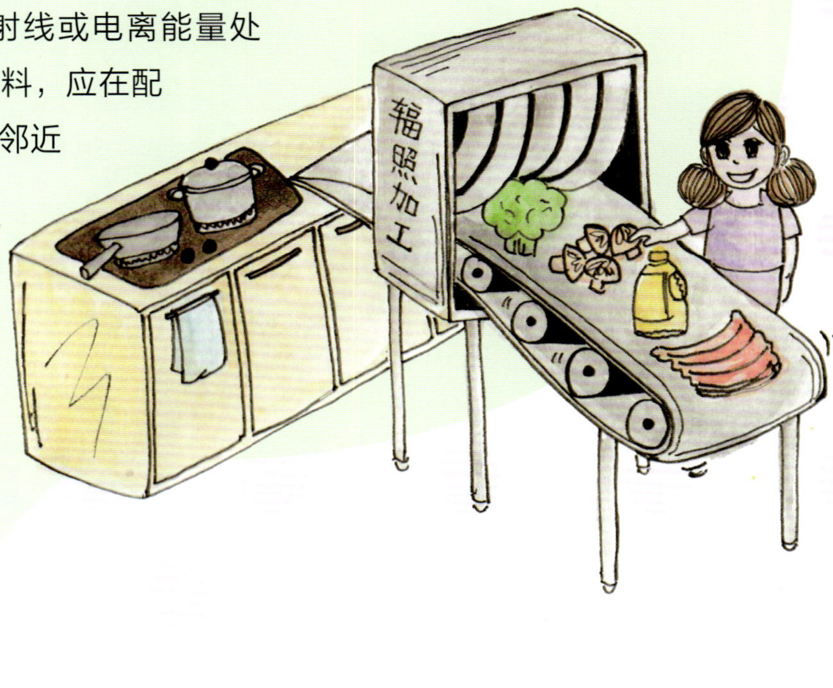

转基因食品

转基因食品一直是人们争论的焦点，有关转基因的争论总是能上头条，接下来就让我们一起了解一下标准中的转基因。

农业转基因生物是指利用基因工程技术改变基因组构成，用于农业生产或者农产品加工的动植物、微生物及其产品，主要包括转基因动植物和微生物；转基因动植物、微生物产品；转基因农产品的直接加工品；含有转基因动植物、微生物或者其产品成分的种子、种畜禽、水产苗种等。

转基因生物技术是指在特定生物物种基因组导入外源基因并使其有效地表达相应产物的新型育种技术。国务院为了加强农业转基因生物安全管理，保障人体健康和动植物、微生物安全，保护生态环境，促进农业转基因生物技术研究，制定了**《农业转基因生物安全管理条例》**。

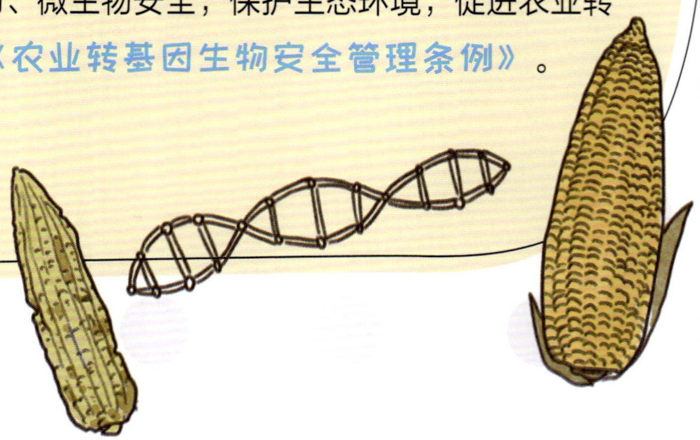

转基因食品是指利用转基因生物技术获得的转基因生物品系，并以该转基因生物为直接食品或作为原料加工生产的食品。我国批准商业化种植的转基因作物仅有棉花和番木瓜，批准进口用作加工原料的有大豆、玉米、棉花、油菜和甜菜等作物。

属于转基因食品或者含有法定转基因原料的食品应在标签上明确标示中文说明。

转基因标示标注方法

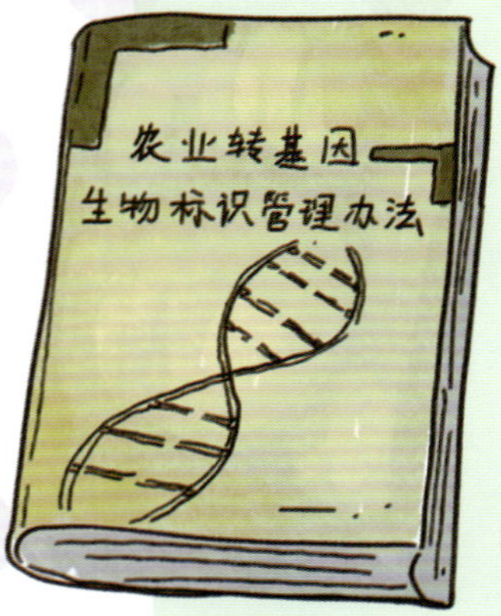

- 转基因动植物（含种子、种畜禽、水产苗种）和微生物，转基因动植物、微生物产品，含有转基因动植物、微生物或者其产品成分的种子、种畜禽、水产苗种、农药、兽药、肥料和添加剂等产品，直接标注“转基因××”。
- 转基因农产品的直接加工品，标注为“转基因××加工品（制成品）”或者“加工原料为转基因××”。
- 用农业转基因生物或用含有农业转基因生物成分的原料加工制成的产品，但最终销售产品中已不再含有或检测不出转基因成分的产品，标注为“本产品为转基因××加工制成，但本产品中已不再含有转基因成分”或者标注为“本产品加工原料中有转基因××，但本产品中已不再含有转基因成分”。

生产经营转基因食品，应当在食品标识上显著标示“转基因”字样。

生产者、经营者的名称、地址和联系方式

食品标签上应当标注生产者的名称、地址和联系方式。生产者名称和地址应当是依法登记注册、能够承担产品安全质量责任的生产者的名称、地址。

◎ 依法独立承担法律责任的集团公司、集团公司的子公司，应标示各自的名称和地址。

◎ 不能依法独立承担法律责任的集团公司的分公司或集团公司的生产基地，应同时标示集团公司的名称、地址。

◎ 受其他单位委托加工预包装食品的，应同时标示委托单位和受委托单位的名称和地址。

依法承担法律责任的生产者或经营者的联系方式应标示以下至少一项内容：电话、传真、电子邮箱、网址等。

质量等级

食品所执行的标准已明确规定质量（品质）等级的，应标示质量（品质）等级。不同的等级有不同的质量指标要求，例如:

- GB/T 5835—2009《干制红枣》中将红枣分为：
  干制大红枣：**一等**、**二等**、**三等**；
  小红枣：**特等**、**一等**、**二等**、**三等**。

- GB/T 18672—2014《枸杞》将枸杞分为：
  特优、**特级**、**甲级**、**乙级**。

- GB/T 35883—2018《冰糖》将冰糖分为：
  单晶冰糖：**优级**、**一级**、**二级**；
  白冰糖：**优级**、**一级**；
  黄冰糖：**优级**、**一级**。
- SC/T 3204—2012《虾米》
  按照规格可分为：**特大**、**大**、**中**、**小**；
  按照质量等级分为：**一级品**、**二级品**、**三级品**。

非直接提供给消费者产品

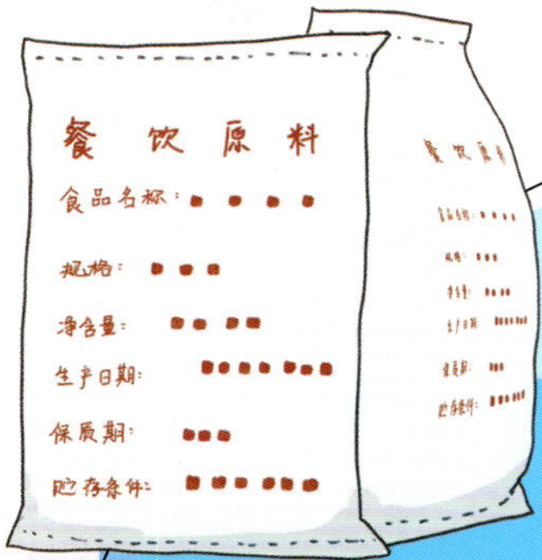

有些产品属于非直接提供给消费者的产品，一般以下两种情况属于非直供：

★ 生产者提供给其他食品生产者的预包装食品；

★ 生产者提供给餐饮业作为原料、辅料使用的预包装食品。

非直接提供给消费者的预包装食品因为不直接面对消费者，所以标签不强制要求标示所有内容，只要按照相应要求标示食品名称、规格、净含量、生产日期、保质期和贮存条件。其他内容如未在标签上标注，可以通过说明书或合同等方式注明。

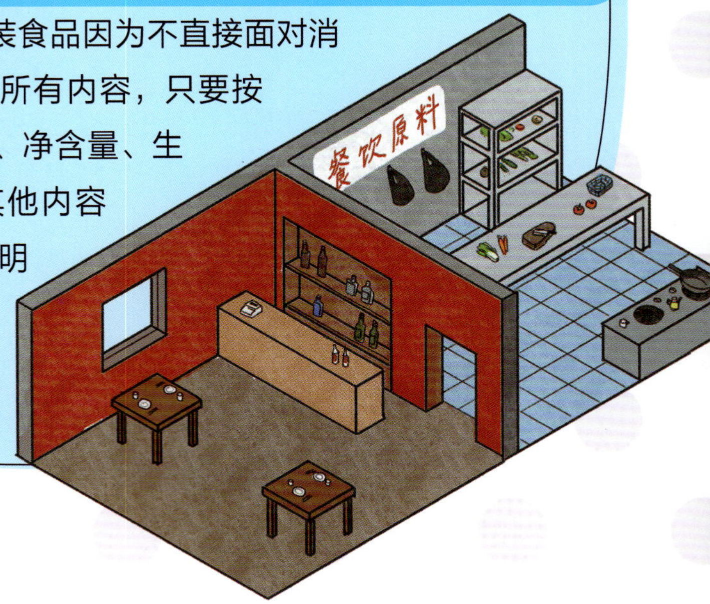

标签上的特殊标识内容——酒类

酒类应以“%vol”为单位标示酒精度。

GB 2757—2012《食品安全国家标准　蒸馏酒及其配制酒》
GB 2758—2012《食品安全国家标准　发酵酒及其配制酒》

啤酒应标示原麦汁浓度，以“原麦汁浓度”为标题，以柏拉图度符号“°P”为单位。

果酒（葡萄酒除外）应标示原果汁含量，在配料表中以“××%”表示。

酒类应标示“**过量饮酒有害健康**”，可同时标示其他警示语。

用玻璃瓶包装的啤酒应标示如“**切勿撞击，防止爆瓶**”等警示语。

葡萄酒和其他酒精度大于等于10%vol的发酵酒及其配制酒可免于标示保质期。

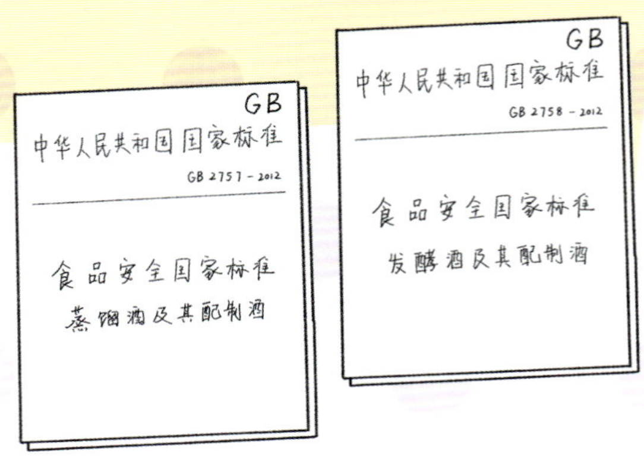

标签上的特殊标识内容——速冻食品

GB 19295—2011《食品安全国家标准　速冻面米制品》

产品标识应注明速冻、生制、熟制，以及烹调加工方式。

SB/T 10379—2012《速冻调制食品》

标明产品类别、生制品或熟制品。

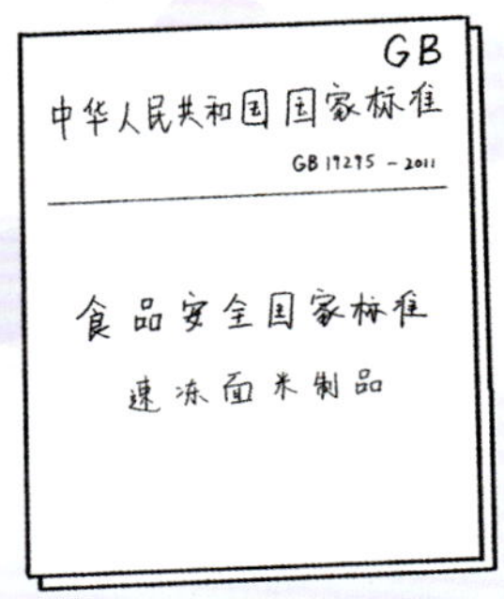

速冻调制食品类别：

- 花色面米制品；
- 裹面制品；
- 调味水产制品；
- 肉糜类制品；
- 菜肴制品；
- 汤料制品；
- 其他。

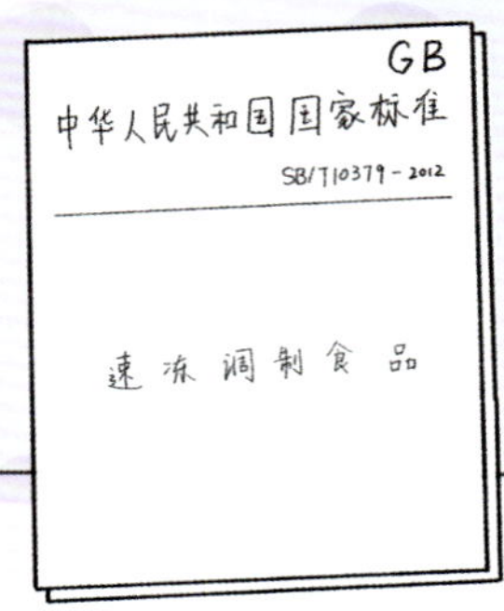

标签上的特殊标识内容——食用植物油

GB/T 1534—2017《花生油》 GB/T 1535—2017《大豆油》 GB/T 19111—2017《玉米油》

食用植物油除了强制标示内容外，一般还要标示质量等级、加工工艺（“**压榨**”或“**浸出**”）、产品原产国，大豆油、玉米油、菜籽油、棉籽油等如果采用转基因原料生产还要标明“**转基因**”字样。

GB 2716—2018《食品安全国家标准 植物油》

食用植物调和油的标签上应标明各种食用植物油的比例，应以“**食用植物调和油**”命名，单一品种的食用植物油不应掺加其他油脂。

GB/T 23347—2009《橄榄油、油橄榄果渣油》

橄榄油要在标签上标示油橄榄果实的年份、反式脂肪酸含量、包装日期，进口橄榄油还要标示分装日期。

标签上的特殊标识内容——调味品

GB/T 18186—2000《酿造酱油》

酿造酱油要标明产品类别（高盐稀态 & 低盐固态）、氨基酸态氮的含量、质量等级、用于“佐餐和/或烹调”，应标明“酿造酱油”。

GB/T 18187—2000《酿造食醋》

酿造食醋要标明产品类别（固态发酵 & 液态发酵）和总酸含量，应标明“酿造食醋”。

GB/T 8967—2007《谷氨酸钠（味精）》

加盐味精需标示谷氨酸钠具体含量。

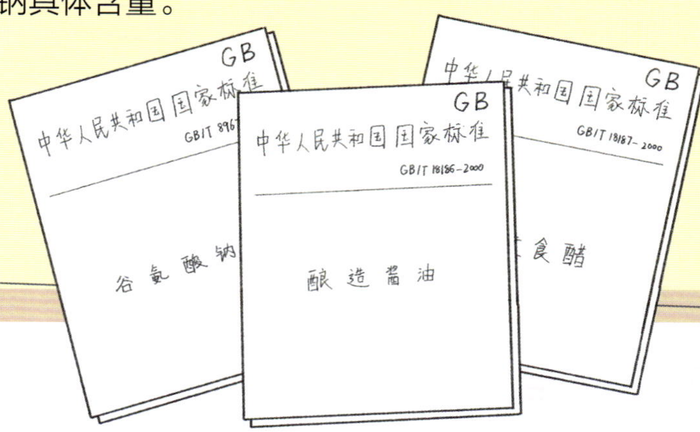

标签上的特殊标识内容——休闲食品 1

GB/T 22699—2008《膨化食品》

应标明“**膨化食品**”字样。

QB/T 2686—2005《马铃薯片》

应标明产品类型，如“**切片型**”“**复合型**”。

GB/T 19883—2018《果冻》

产品使用“布丁”名称时，应同时标示“**含乳型果冻**”或“**含乳果冻**”；

果汁型果冻应标示原果汁含量；果肉型果冻应标示果肉含量；

凝胶果冻应在外包装和最小食用包装的醒目位置处，用白底（或黄底）红字标示安全警示语和食用方法，且字符高度不应小于 3 mm，安全警示语和食用方法采用下列方式标示：“**勿一口吞食**”“**三岁以下儿童不宜食用**”“**老人、儿童须在监护下食用**”。

标签上的特殊标识内容——休闲食品 2

糖果

配料中原果汁含量（浓缩果汁可换算为原果汁）低于 2.5% 的产品，不得标为果汁 ×× 糖果；原果汁含量低于 1.5% 的产品，不得标为水果 ×× 糖果。

GB/T 19343—2016
《巧克力及巧克力制品（含代可可脂巧克力及代可可脂巧克力制品）通则》

标示产品类型；黑巧克力、牛奶巧克力标注总可可固形物含量。

代可可脂添加量超过 5%（按原料配料计算）的产品应命名为代可可脂巧克力；巧克力成分含量不足 25% 的制品不应命名为巧克力制品。

标签上的特殊标识内容——新食品原料

芦荟

卫生部等6部局关于含库拉索芦荟凝胶食品标识规定的公告（2009年第1号公告）

添加库拉索芦荟凝胶的食品必须标注“**本品添加芦荟，孕妇与婴幼儿慎用**”字样，并应当在配料表中标注“**库拉索芦荟凝胶**”。

人参（人工种植）

卫生部关于批准人参（人工种植）为新资源食品的公告（卫生部公告2012年第17号）

孕妇、哺乳期妇女及14周岁以下儿童不宜食用，标签、说明书中应当标注**不适宜人群和食用限量**（≤3克/天）。

标签上的特殊标识内容——特殊膳食用食品

特殊膳食用食品标签要标明食用方法、每日或每餐食用量，必要时应标示调配方法或复水再制方法。应标示适宜人群。对于特殊医学用途婴儿配方食品和特殊医学用途配方食品，适宜人群按产品标准要求标示。其中，婴幼儿配方食品、特殊医学用途配方食品还需标示注册号。

婴幼儿配方食品	GB 10765—2021 《食品安全国家标准　婴儿配方食品》 	必需成分和可选择成分含量标识应增加“100 千焦（100kJ）”含量的标示；标签中应注明产品的类别、属性（如乳基或豆基产品以及产品状态）和适用年龄；婴儿配方食品应标明“对于 0~6 月龄的婴儿最理想的食品是母乳，在母乳不足或无母乳时可食用本产品”；标签上不能有婴儿和妇女的形象，不能使用“人乳化”“母乳化”或近似术语表述
	GB 10766—2021 《食品安全国家标准　较大婴儿配方食品》 	必需成分和可选择成分含量标识应增加“100 千焦（100kJ）”含量的标示；标签中应注明产品的类别、属性（如乳基或豆基产品以及产品状态）和适用年龄；同时，应标明“须配合添加辅助食品”；标签上不能有婴儿和妇女的形象，不能使用“人乳化”“母乳化”或近似术语表述
	GB 10767—2021 《食品安全国家标准　幼儿配方食品》 	必需成分和可选择成分含量标识应增加“100 千焦（100kJ）”含量的标示；标签中应注明产品的类别、属性（如产品状态）和适用年龄

<table>
<tr><td rowspan="2">特殊医学用途配方食品</td><td>GB 29922—2013
《食品安全国家标准　特殊医学用途配方食品通则》
</td><td>营养素和可选择成分含量标识增加“每 100 千焦（100kJ）”含量的标示。标签中应对产品的配方特点或营养学特征进行描述，并应标示产品的类别和适用人群，同时还应标示“不适用于非目标人群使用”；标签中应在醒目位置标示“请在医生或临床营养师指导下使用”；标签中应标示“本品禁止用于肠外营养支持和静脉注射”</td></tr>
<tr><td>GB 25596—2010
《食品安全国家标准　特殊医学用途婴儿配方食品通则》
</td><td>营养素和可选择成分增加“每 100 千焦 (100kJ)”含量的标示。标签中应明确注明特殊医学用途婴儿配方食品的类别（如：无乳糖配方）和适用的特殊医学状况。早产 / 低出生体重婴儿配方食品还应标示产品的渗透压。可供 6 月龄以上婴儿食用的特殊医学用途配方食品，应标明“6 月龄以上特殊医学状况婴儿食用本品时，应配合添加辅助食品”；标签上应明确标识“请在医生或临床营养师指导下使用”；标签上不能有婴儿和妇女的形象，不能使用“人乳化”“母乳化”或近似术语表述</td></tr>
</table>

婴幼儿辅助食品	GB 10769—2010《食品安全国家标准 婴幼儿谷类辅助食品》  	营养成分表的标识增加“100 千焦（100kJ）”含量的标示；标明产品的类别名称，如“婴幼儿高蛋白谷物辅助食品”等；对婴幼儿谷物辅助食品应在标签中标明“需用牛奶或其他含蛋白质的适宜液体冲调”或类似文字
	GB 10770—2010《食品安全国家标准 婴幼儿罐装辅助食品》  	营养成分表的标识增加“100 千焦（100kJ）”含量的标示；标明适宜食用的婴幼儿月龄、食用方法及食用注意事项；汁类罐装食品应标明产品中所含果蔬原汁或原浆的含量

其他特殊膳食食品	GB 22570—2014《食品安全国家标准　辅食营养补充品》	标注“辅食营养补充品”和/或相应类别“辅食营养素补充食品”“辅食营养素补充片”“辅食营养素撒剂”；标签上应按月龄标明适宜人群，并标注“本品添加多种微量营养素，与其他同类产品同时食用时应注意用量”；供6~36月龄婴幼儿食用的产品，还应标明“本品不能代替母乳及婴幼儿辅助食品”
	GB 24154—2015《食品安全国家标准　运动营养食品通则》	在标签主要展示版面标示“运动营养食品”及产品所属分类；如有不适宜人群，应在标签中标示；对于添加了肌酸的产品应在标签中标示“孕妇、哺乳期妇女、儿童及婴幼儿不适宜食用”
	GB 31601—2015《食品安全国家标准　孕妇及乳母营养补充食品》	食品名称应根据适宜人群标注“孕妇营养补充食品”或“乳母营养补充食品”或“孕妇及乳母营养补充食品”；还应标注“本品不能代替正常膳食”或“本品添加多种微量营养素，与其他同类产品同时食用时应注意用量”

标签上的特殊标识内容——保健食品

保健食品标识应当包括产品名称、原料和辅料、功效成分或者标志性成分及含量、适宜人群、不适宜人群、保健功能、食用量及食用方法、规格和净含量、贮藏方法、生产日期和保质期、注意事项、保健食品企业标准的代号、生产者的名称、地址和联系方式、食品生产许可证编号、投诉服务电话、服务时段等信息，以及保健食品标志、保健食品注册号或者备案号、警示用语区及警示用语等。

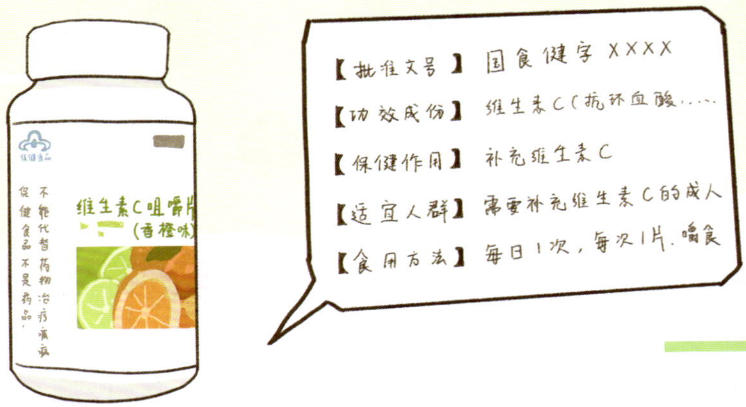

标签上的特殊标识内容—食品添加剂

食品添加剂	GB 29924—2013 《食品安全国家标准　食品添加剂标识通则》 	标明“食品添加剂”字样，同时应标明食品添加剂的名称、成分或配料表、使用范围、用量和使用方法、日期标示、贮存条件、净含量和规格、制造者或经销者的名称和地址、产品标准代号、生产许可证编号、警示标识、辐照食品添加剂
	GB 30616—2020 《食品安全国家标准　食品用香精》 	明确标示“食品用香精”字样；凡因含有食品用热加工香味料而无法检测相对密度和折光指数的液体香精，其产品标签上应标示本产品含有食品用热加工香味料
	GB 26687—2011 《食品安全国家标准　复配食品添加剂通则》 	命名原则；各单一食品添加剂的通用名称、辅料的名称，进入市场销售和餐饮环节使用的复配食品添加剂还应标明各单一食品添加剂品种的含量

番外篇

大家来找茬

小游戏

Game Time

大家根据学到的一些食品标签上的特殊标识知识，看看下面的产品标签标示有什么问题？一起来当辨识小能手吧！

我是辨识小能手

之特殊标识我会看

八年陈黄酒

1

净含量：500 mL

原料：水、大米、糯米、红枣、枸杞、蜂蜜、焦糖色　**含糖量：**15.1g/L~40.0g/L

酒精度：≥ 12% vol　**生产日期：**2020 年 12 月 8 日

置于阴凉干燥通风处　**产品类型：**特型半干黄酒

许可证号：SC× × × × × × × ×　**保质期：**24 个月

× × × × × 酿造有限公司　**地址：**× × × × × ×

售后服务热线：400111× × × ×

超纯啤酒（玻璃瓶包装）

2

净含量：500 mL

原料：水、麦芽、糖浆、酒花制品　**产品标准号及质量等级：**GB/T 4927（优级）

原麦汁浓度：14.0°P　**酒精度：**≥ 5.4% vol

警示语：过量饮酒有害健康　**灌装（生产）日期：**2020 年 12 月 8 日

合格证明：合格　**许可证号：**SC× × × × × × × ×

保质期：7 天（0℃ ~ 5℃）　**贮运条件：**冷藏、避光贮运

× × 啤酒（上海）有限公司出品　**地址：**上海市 × × × × × ×

售后服务热线：400111× × × ×

狮子头（肉糜类制品）

净含量：300 g

3

配料：猪肉、饮用水、食用淀粉、大豆油、食用盐、白砂糖、酱油、香辛料

保质期：6 个月　**消费者服务电话：**400-×××-××××

生产日期：2020.12.28　**产品标准号：**SB/T 10379

食品生产许可证编号：SC××××××××

上海市 ×××× 食品有限公司生产

地址：上海市 ×× 区 ×× 路 ×× 号

贮存条件：-18℃以下冷冻保存

营养成分表

项目	每100g	NRV%
能量	956kJ	11%
蛋白质	5.5g	9%
脂肪	17.2g	29%
碳水化合物	1.8g	1%
钠	224mg	11%

巧克力

净含量：184 g

4

配料：白砂糖、可可液块、全脂奶粉、可可脂、食用香料、食品添加剂（大豆磷脂）

生产日期：标示于封口处　**保质期：**12 个月

贮存条件：常温、置于阴凉干燥处

产品标准号：GB/T 19343

地址：上海市 ×× 区

食品生产许可证编号：SC××××××××

营养成分表

项目	每100g	NRV%
能量	2247kJ	27%
蛋白质	7.6g	13%
脂肪	34.1g	57%
碳水化合物	50.4g	17%
钠	54mg	3%

答案在这里，你答对了吗？

1

产品1为黄酒。属于发酵酒及其配制酒，需要满足强制性标准GB 2758—2012《食品安全国家标准　发酵酒及其配制酒》中的要求，应标示“**过量饮酒有害健康**”，同时可标示其他警示语。案例中未标示此警示语。另外，警示语一定要标示“**过量饮酒有害健康**”，标示为“**过度饮酒，有害健康**”“**过量饮酒危害健康**”等都属于警示语标示不规范。可同时标示其他警示语，包括“**酒后请勿驾车**”等。

产品2是玻璃品包装的啤酒。根据GB/T 4927—2008《啤酒》中规定，应在标签、附标或外包装上印有警示语——“**切勿撞击，防止爆瓶**”。此外，强制性标准GB 2758—2012《食品安全国家标准　发酵酒及其配制酒》中对此也有相同的要求。

2

答案在这里，你答对了吗？

3

产品 3 为速冻调制食品。其执行标准中要注明产品类别和生制品或熟制品。案例产品名称中“肉糜类制品”属于产品类别，但还应注明其是“**生制品**”或“**熟制品**”。

4

产品 4 是巧克力。巧克力标准中要标识产品的类别或类型。巧克力的具体类型根据 GB/T 19343—2016《巧克力及巧克力制品（含代可可脂巧克力及代可可脂巧克力制品）通则》分为：黑巧克力、牛奶巧克力、白巧克力、其他巧克力。

其他标示的标准要求

GB 7718《食品安全国家标准　预包装食品标签通则》（新版）

- 4.6　生产者、经营者的名称、地址和联系方式
- 4.6.1　应当标注生产者的名称、地址和联系方式。生产者名称和地址应当是依法登记注册、能够承担产品安全质量责任的生产者的名称、地址。
- 4.6.1.1　依法独立承担法律责任的集团公司、集团公司的子公司，应标示各自的名称和地址。
- 4.6.1.2　不能依法独立承担法律责任的集团公司的分公司或集团公司的生产基地，应同时标示集团公司的名称、地址。
- 4.6.1.3　受其他单位委托加工预包装食品的，应同时标示委托单位和受委托单位的名称和地址。
- 4.6.2　依法承担法律责任的生产者或经营者的联系方式应标示以下至少一项内容：电话、传真、电子邮箱、网址等。

- 4.9　食品生产许可证编号
- 4.9.1　应标示食品生产许可证编号的预包装食品，其标示形式按照相关规定执行。
- 4.9.2　委托生产预包装食品时，应标示受委托单位的食品生产许可证编号，也可同时标示委托单位的食品生产许可证编号。
- 4.10　产品标准代号

在国内生产并在国内销售的预包装食品应标示产品所执行的标准代号和顺序号。

- 4.11　产品质量（品质）等级

食品所执行的标准已明确规定质量（品质）等级的，应标示质量（品质）等级，否则不得标示质量（品质）等级。

- 4.12　致敏物质
- 4.12.1　一些食品配料可能导致敏感人群产生过敏反应，如用作配料，应在配料表中加以提示，或在配料表邻近位置标示提示内容。
- 4.12.2　生产加工过程中可能带入致敏物质时，如共用生产车间、共用生产线时，宜标示致敏物质的提示信息。
- 4.12.3　E.5 列明的配料，可免除标示致敏物质提示内容。
- 4.14　其他标示内容
- 4.14.1　辐照食品
- 4.14.1.1　经电离辐射线或电离能量处理过的食品，应在食品名称附近标示“辐照食品”或“经辐照处理”。食品安全国家标准另有规定的从其规定。

• 4.14.1.2　经电离辐射线或电离能量处理过的任何食品配料，应在配料表中括号内标示“辐照”，或在配料表邻近位置标明其“经辐照处理”。食品安全国家标准另有规定的从其规定。

• 4.14.2　转基因食品

转基因食品的标示应符合相关法律、法规的规定。

• 4.14.3　特殊食品

按国家相关规定需特殊审批的食品，其标签标识中需审批事项按照相关规定执行。

• 5　非直接提供给消费者的预包装食品标签标示内容

非直接提供给消费者的预包装食品标签应按照第 4 章的相应要求标示食品名称、规格、净含量、生产日期、保质期和贮存条件。其他内容如未在标签上标注，则应通过说明书或合同等方式注明。